哈哈哈！有趣的动物（第三辑）

草丛里的动物

〔法〕蒂埃里·德迪厄 著

大南南 译

湖南教育出版社

·长沙·

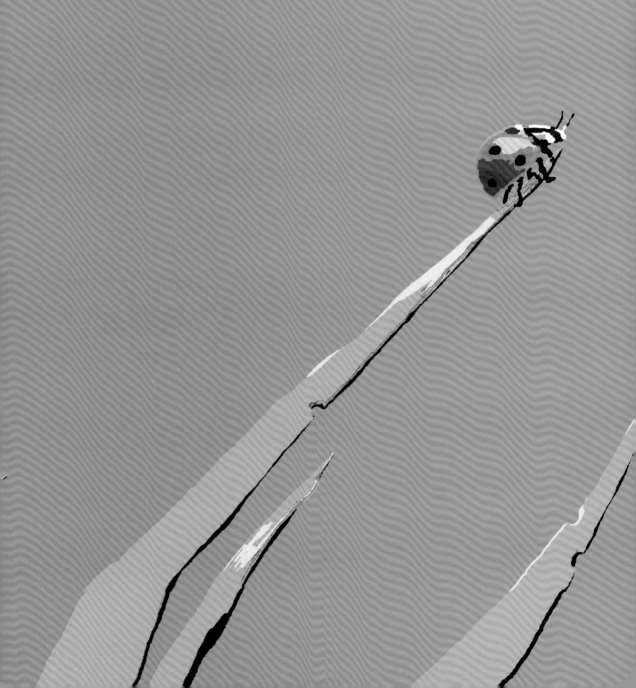

碧蝽是个不挑食的吃货。
不过幸运的是，
它只吃水果和蔬菜，
不咬人！

多么强大的力量啊！
蚂蚁能举起
比自身重 50 倍的东西。

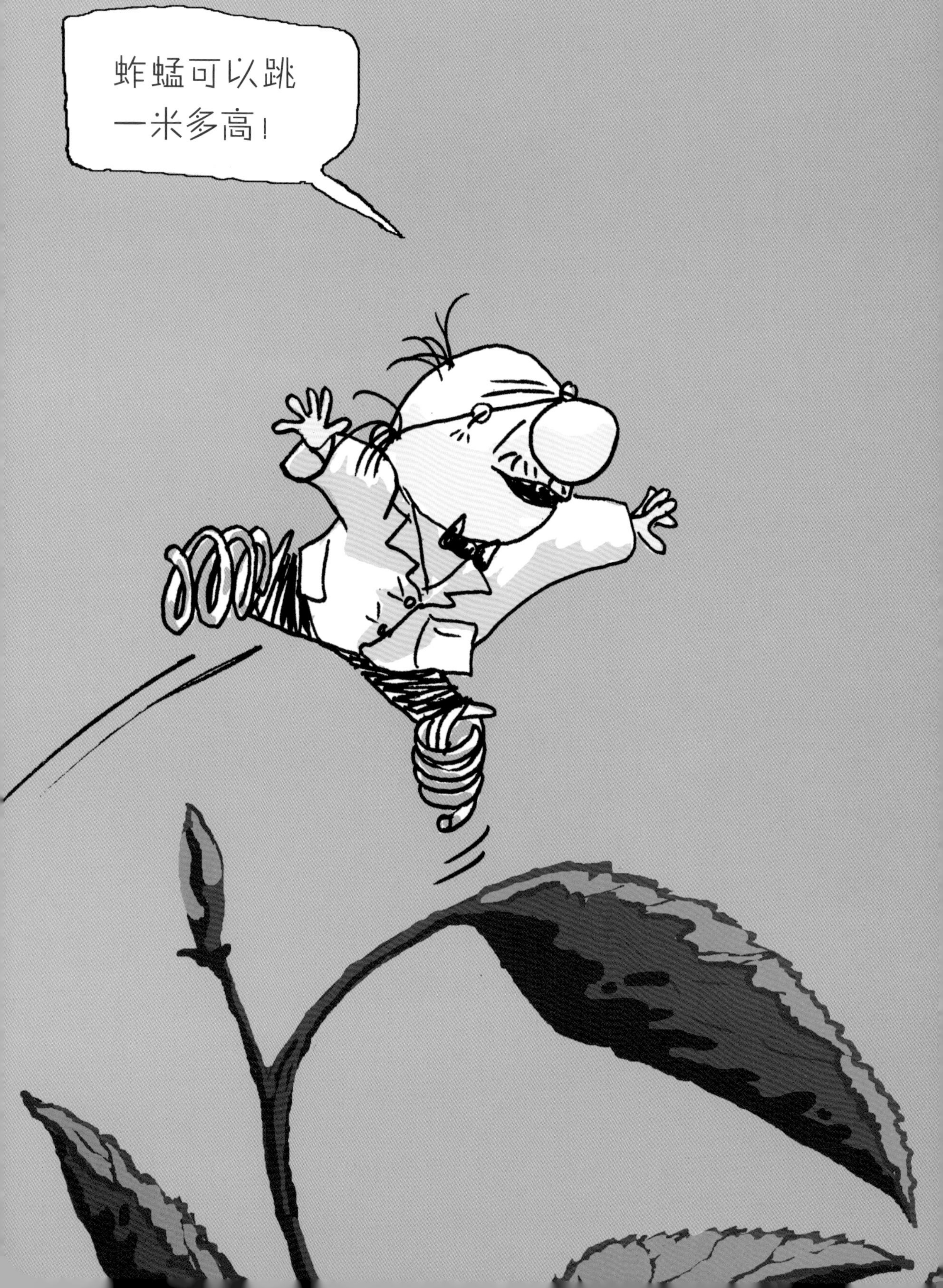
蚱蜢可以跳
一米多高！

如何带着一岁的孩子读
《哈哈哈！
有趣的动物》

一岁的孩子就能读科普书？

没错，因为这是永田达爷爷特别为低龄小朋友准备的启蒙科普书。家长们会发现，这本书的文字量很少，画面传递的信息非常精简，但是非常有趣，特别适合爸爸妈妈跟孩子进行亲子阅读。

赶紧和孩子一起打开这本《草丛里的动物》，跟着永田达爷爷一起来观察吧！

和孩子翻开这本书之前，让孩子回忆一下曾经在草地里见到过一些什么昆虫。打开书请孩子说一说瓢虫的外貌特征，告诉孩子，瓢虫是对人类有益的昆虫，因为它每天能吃掉 100 只损害农作物的蚜虫。请孩子从 1 数到 100，具体感受一下这个数量。告诉孩子，草丛里有很多动物都身怀绝技，比如：蚂蚁能举起比自身重 50 倍的东西，而我们人类最厉害的大力士也只能举起比自身重大概 3 倍的东西；还有蚱蜢可以跳一米多高，这是它自身身长的几十倍了；蜘蛛织出来的网非常结实，像胶水一样有黏性，可以拿出胶水让孩子感受一下；黄蜂屁股上的那根针非常厉害，被蜇一下可比打预防针疼多了。合上书，问一问孩子，蝴蝶喜欢吃什么？黄蜂喜欢吃什么？毛毛虫又喜欢吃什么？最后给孩子泡上一杯蜂蜜水，让他尝尝甜蜜的滋味吧！

图书在版编目（CIP）数据

哈哈哈！有趣的动物.第三辑.草丛里的动物 /（法）蒂埃里·德迪厄
著；大南南译.—长沙：湖南教育出版社，2022.11
ISBN 978-7-5539-9286-0

Ⅰ.①哈… Ⅱ.①蒂… ②大… Ⅲ.①动物–儿童读物 Ⅳ.①Q95-49

中国版本图书馆CIP数据核字〔2022〕第190683号

First published in France under the title:
Des bêtes aux ras des pâquerettes
Tatsu Nagata
© Éditions du Seuil, 2008
著作权合同登记号：18-2022-215

HAHAHA! YOUQU DE DONGWU DI-SAN JI CAOCONG LI DE DONGWU

哈哈哈！有趣的动物 第三辑 草丛里的动物

责任编辑：姚晶晶　陈慧娜　李静茹
责任校对：王怀玉
封面设计：熊　婷
出版发行：湖南教育出版社（长沙市韶山北路443号）
电子邮箱：hnjycbs@sina.com
客服电话：0731-85486979
经　　销：湖南省新华书店
印　　刷：长沙新湘诚印刷有限公司
开　　本：787 mm×1092 mm　1/16
印　　张：1.75
字　　数：10千字
版　　次：2022年11月第1版
印　　次：2022年11月第1次印刷
书　　号：ISBN 978-7-5539-9286-0
定　　价：95.00 元（共5册）